LOIS

DES

GRANDS TREMBLEMENTS DE TERRE

ET LEUR PRÉVISION

9664. — PARIS, IMPRIMERIE A. LAHURE
9, rue de Fleurus

LOIS

DES

GRANDS TREMBLEMENTS DE TERRE

ET LEUR PRÉVISION

PAR

J. DELAUNEY

CAPITAINE D'ARTILLERIE DE LA MARINE

PARIS

LÉON VANIER, ÉDITEUR

19, QUAI SAINT-MICHEL, 19

1884

A

MONSIEUR LE GÉNÉRAL DUMONT

COMMANDANT LE 18e CORPS

Hommage de profond respect et d'inaltérable reconnaissance.

J. D.

PRÉFACE

Le présent travail sur les tremblements de terre n'est autre chose que le mémoire que nous avons adressé à l'Académie des sciences, en 1879, et que cette assemblée possède dans ses archives.

Nous donnons même les tableaux extraits du catalogue de M. Alexis Perrey qui accompagnaient notre envoi à l'Institut.

Grâce à ces tableaux, chacun pourra faire la vérification des conséquences auxquelles nous sommes arrivé et leur attribuer le degré de créance qu'elles méritent.

Nous avons cru devoir faire suivre le mémoire des pièces relatives à la discussion qui a eu lieu dans le monde savant au sujet de nos prévisions de tremblements de terre ; ces pièces étaient intéressantes à plus d'un titre.

Le lecteur s'apercevra sans peine que nous ne nous sommes pas borné à l'examen des tremblements de terre ; nous donnons, en effet, une loi générale pour tous les phénomènes *météorologiques*.

Tous ces phénomènes seraient dus à des positions particulières des planètes par rapport au Soleil; nous sommes convaincu que cette loi, soupçonnée depuis la plus haute antiquité, ne trouvera, dans un temps prochain, pas plus de contradicteurs que la loi de la gravitation n'en rencontre aujourd'hui.

LOIS

DES

GRANDS TREMBLEMENTS DE TERRE

ET LEUR PRÉVISION

---

§ 1. — Influence de la Lune sur les tremblements de terre.

A la suite de longues et patientes recherches, M. Alexis Perrey a trouvé que la Lune avait sur les tremblements de terre une influence se traduisant par les lois suivantes :

Les tremblements sont plus fréquents :

1° Aux syzygies qu'aux quadratures,
2° Au périgée qu'à l'apogée,
3° Lors du passage au méridien qu'à tout autre moment[1].

§ 2. — Influence du Soleil sur les tremblements de terre.

L'observation montre que le nombre de tremblements de terre est plus grand en hiver qu'en été; ce résultat a été énoncé par Mérian, Otto Volger et M. Alexis Perrey. On a, de plus, remarqué, depuis Aristote, qu'il y avait plus de tremblements la nuit que le jour. M. Elisée Reclus[2] explique ingénieusement ce dernier fait en disant qu'à certains égards, le jour et la nuit peuvent être regardés comme des réductions respectives de l'été et de l'hiver.

1. Comptes rendus de l'Académie des sciences (18 octobre 1875).
2. *La Terre*, 2 volumes.

Le maximum du nombre de tremblements semble se produire vers 5 heures du matin et le minimum à midi.

§ 3. — **Conclusion.**

On voit par ce qui précède que les tremblements de terre constituent un phénomène excessivement sensible et d'une régularité relativement grande, puisqu'ils permettent de démêler l'influence de la lune et celle (journalière et annuelle) du soleil, ce que l'observation des autres phénomènes météorologiques ne permet pas toujours de faire ; néanmoins, on n'a pas encore trouvé les causes des grandes tempêtes sismiques qui, à des moments imprévus, se déchaînent sur une grande partie du globe pendant des mois et souvent des années entières. Nous allons essayer de mettre en lumière ces causes.

§ 4. — **Documents employés.**

Les documents que nous avons eus à notre disposition sont, d'abord, les catalogues établis en 1850 par M. Alexis Perrey, donnant le dénombrement des jours où la terre a tremblé dans différents endroits du globe de 1751 à 1850 ; nous en donnons, à l'appendice § A, un relevé par mois. Nous donnons aussi, à l'appendice § B, un relevé par année du nombre de jours de tremblement de 1843 à 1872 que nous a communiqué le même savant.

Il est à remarquer que, dans ce dernier tableau, les nombres des jours de tremblement, de 1843 à 1850, sont plus grands que les nombres correspondants qu'on tire des premiers tableaux ; cela tient à ce que des tremblements ignorés en 1850 ont été découverts de cette époque à 1872.

§ 5. — **Examen des documents.**

Les résultats fournis par ces documents peuvent se classer en deux catégories, d'après la manière dont M. Alexis Perrey les a obtenus.

Ce savant, n'ayant commencé à s'occuper des tremblements de

terre qu'en 1843, n'a formé ses catalogues, pour les années comprises entre 1750 et 1843, qu'en compulsant un grand nombre de gazettes ; à partir de 1843, M. Alexis Perrey s'est non seulement servi des publications, mais a encore employé le secours de correspondants stationnés un peu sur tous les points du globe.

Il résulte de là que, de 1751 à 1842, les relevés annuels sont parfaitement comparables entre eux ; tout au plus peut-on admettre un accroissement régulier des chiffres, comme conséquence de l'accroissement des moyens d'information par la presse ; mais, à partir de 1843, M. Alexis Perrey, ayant employé des correspondants, a, croyons-nous, introduit dans ses relevés un élément variable, puisqu'il ne pouvait avoir la prétention d'avoir toujours le même nombre de correspondants résidant dans les mêmes pays.

Par conséquent, en ce qui regarde la comparaison entre elles des diverses années, quoique, de 1843 à 1872, le nombre des tremblements soit bien plus considérable, il n'en résulte aucunement que les résultats obtenus pour cette période constituent une image plus fidèle de la réalité que ceux de la période de 1751 à 1842.

D'un autre côté, dans la période ancienne ne sont compris que les tremblements sérieux, ceux qui valaient la peine d'une mention dans les journaux, tandis que, dans la période récente, tous les tremblements trouvent place et les faibles sont sans grand intérêt dans l'étude des grandes tempêtes sismiques.

Pour ces raisons, nous nous bornerons à considérer, tout d'abord, la période des 92 années qui s'étendent de 1751 à 1842.

§ 6. — **Nombre de jours de tremblements de terre de 1751 à 1842.**

Des tableaux du § A de l'appendice, on tire les résultats ci-après :

ANNÉES	TREMBL.	ANNÉES	TREMBL.	ANNÉES	TREMBL.	ANNÉES	TREMBL.	ANNÉES	TREMBL.
1751	84	1771	74	1791	34	1811	113	1831	128
1752	42	1772	80	1792	34	1812	105	1832	110
1753	31	1773	89	1793	29	1813	94	1833	87
1754	60	1774	31	1794	54	1814	57	1834	133
1755	225	1775	36	1795	26	1815	39	1835	171
1756	266	1776	41	1796	26	1816	55	1836	114
1757	42	1777	52	1797	33	1817	109	1837	210
1758	14	1778	84	1798	27	1818	97	1838	129
1759	72	1779	74	1799	33	1819	111	1839	276
1760	38	1780	76	1800	64	1820	85	1840	254
1761	49	1781	66	1801	11	1821	121	1841	324
1762	30	1782	26	1802	94	1822	220	1842	259
1763	35	1783	606	1803	25	1823	156		
1764	20	1784	308	1804	82	1824	148		
1765	33	1785	186	1805	47	1825	119		
1766	134	1786	180	1806	148	1826	117		
1767	66	1787	83	1807	99	1827	113		
1768	55	1788	29	1808	76	1828	220		
1769	27	1789	45	1809	54	1829	248		
1770	124	1790	42	1810	68	1830	101		

§ 7. — **Premier groupe de maxima** (période 12 années.)

En considérant avec attention les chiffres du tableau précédent, on aperçoit, d'abord, un premier groupe de maxima se reproduisant tous les 12 ans environ ; ce sont :

Maximum.	Année.		
Nos 1	1759		
2	1770	}	11 ans.
3	1783	}	13 —
4	1794	}	11 —
5	1806	}	12 —
6	1817	}	11 —
7	1829	}	12 —
8	1841	}	12 —

En se servant des tableaux du § A de l'appendice, on arrive aux résultats plus serrés ci-après, pour les commencements des époques auxquelles ces maxima semblent s'être produits :

Maximum	Date		
Nos 1	Novembre	1759	10 ans 7 mois.
2	Juin	1770	12 — 8 —
3	Février	1783	11 — 1 —
4	Mars	1794	12 — 5 —
5	Août	1806	10 — 7 —
6	Mars	1817	11 — 4 —
7	Juillet	1828	12 — 6 —
8	Janvier	1841	

§ 8. — **Deuxième groupe de maxima** (période 12 années).

On aperçoit aussi un deuxième groupe de maxima se répétant tous les 12 ans environ; deux maxima, néanmoins, manquent à la série :

Maximum	Année	
Nos 1	1756	10 ans.
2	1766	12 —
3	1778	11 —
4	1789	13 —
5	1802	35 —
6	»	
7	»	
8	1837	

On obtient, comme précédemment, pour les commencements de ces maxima :

Maximum	Date		
Nos 1	Novembre	1755	10 ans 5 mois.
2	Avril	1766	12 — 2 —
3	Juin	1778	11 —
4	Juin	1789	13 — 4 —
5	Octobre	1802	34 — 11 —
6	»	»	
7	»	»	
8	Septembre	1837	

§ 9. — **Troisième groupe de maxima** (période 28 années).

Un troisième groupe de maxima est indiqué; la période paraît être de 28 ans, environ :

Maximum	Année	
Nos 1	1756	27 ans.
2	1783	28 —
3	1811	30 —
4	1841	

On obtient de même que plus haut :

Maximum	Date	
Nos 1	Novembre 1755	27 ans 3 mois
2	Février 1783	28 — 5 —
3	Juillet 1811	29 — 6 —
4	Janvier 1841	

§ 10. — **Quatrième groupe de maxima** (période de 28 années).

Enfin un quatrième groupe de 28 ans se montre.

Maximum	Année	
Nos 1	1773	27 ans.
2	1800	29 —
3	1829	

et plus exactement.

Maximum	Date	
Nos 1	Janvier 1773	27 ans 5 mois.
2	Juin 1800	28 — 1 —
3	Juillet 1828	

§ 11. — **Résumé.**

En résumé, il semble qu'on puisse classer une grande partie des maxima en quatre groupes ; deux à période de 12 ans, deux à période de 28 ans.

Il y a lieu de faire les remarques suivantes :

Deux des maxima du deuxième groupe qui auraient dû tomber vers 1814 et 1826, n'apparaissent pas ;

Un certain nombre de maxima n'appartiennent à aucun des quatre groupes, notamment le maximum très net de 1822 ;

Les maxima communs à un groupe de 12 ans et à un groupe de 28 ans sont remarquables par leur grandeur (1755, 1783, 1829, 1841).

§ 12. — **Longitudes respectives de Jupiter et de Saturne aux époques des maxima précédents.**

Les groupes de maxima, que nous venons de considérer, et dont les deux premiers ont pour période 12 ans et les deux derniers 28, nous conduisent naturellement à soupçonner que Jupiter pourrait bien être la cause des tempêtes sismiques des deux premiers groupes et Saturne celle des seconds. Voyons donc où se trouvent ces planètes aux époques des maxima, en nous contentant des longitudes.

Nous calculerons ces dernières en supposant les orbites de ces planètes circulaires et en partant des longitudes au 1er juillet 1876, données par la *Connaissance des Temps*. Ce mode de calcul nous a paru comporter une approximation suffisante pour le présent travail. On arrive ainsi aux résultats suivants :

PREMIER GROUPE (12 ans)			DEUXIÈME GROUPE (12 ans)		
MAXIMUM	DATE	LONGITUDE DE Jupiter	MAXIMUM	DATE	LONGITUDE DE Jupiter
N° 1	Novembre.. 1759	295°	N° 1	Novembre.. 1755	175°
— 2	Juin....... 1770	257	— 2	Avril...... 1766	150
— 3	Février.... 1783	282	— 3	Juin....... 1778	140
— 4	Mars...... 1794	258	— 4	Juin...... 1789	114
— 5	Août....... 1806	276	— 5	Octobre. 1802	160
— 6	Mars...... 1817	258	— 6	»	»
— 7	Juillet..... 1828	225	— 7	»	»
— 8	Janvier.... 1841	242	— 8	Septembre . 1837	141

TROISIÈME GROUPE (28 ans)			QUATRIÈME GROUPE (28 ans)		
MAXIMUM	DATE	LONGITUDE DE Saturne	MAXIMUM	DATE	LONGITUDE DE Saturne
N° 1	Novembre.. 1755	299°	N° 1	Janvier.... 1775	149°
— 2	Février.... 1783	272	— 2	Juin....... 1800	124
— 3	Juillet..... 1811	259	— 3	Juillet..... 1828	107
— 4	Janvier.... 1841	260			

§ 13. — **Résultats moyens.**

On tire de ce tableau les résultats moyens ci-après :

	1er GROUPE — 12 ans	2e GROUPE — 12 ans	3e GROUPE — 28 ans	4e GROUPE — 28 ans
Valeur de la période.	11a7m,1	11a8m,3	28a4m,7	28a9m,0
Longitude de Jupiter.	250°,2	145°,0	»	»
Longitude de Saturne	»	»	272°,5	126°,7
Longitude moyenne pour la 1re moitié des maxima . . .	275°,0	147°,7	285°,5	136°,5
Longitude de la seconde moitié. . .	244°,8	158°,3	259°,5	115°,5
Variation moyenne de la longitude par an.	0°,60	0°,22	0°,46	0°,76

§ 14. — **Conclusions.**

On est, en conséquence, conduit, pour les 92 années considérées, aux importantes conclusions suivantes :

Les tremblements de terre semblent passer par un maximum lorsque Jupiter ou Saturne se trouve aux environs des longitudes moyennes 265 et 135° ;

Ces longitudes semblent aller en décroissant avec le temps d'environ 1/2 degré par année ;

Il résulte de cette décroissance que les maxima ont des périodes respectivement inférieures aux durées de révolution de Jupiter et de Saturne.

§ 15. — **Maximum de 1822.**

Parmi les maxima dont nous ne nous sommes pas encore occupé, le mieux accusé et le plus important est celui de 1822.

Nous ferons remarquer que la longitude d'Uranus au 1er juillet 1822 était de 268°, et que celle de Neptune à la même date était de 276° ; il y a donc à noter la coïncidence de ce maximum avec le passage simultané à une longitude voisine de 265° des planètes Uranus et Neptune.

§ 16. — **Influence de la Terre sur les tremblements de terre.**

Que peut-il y avoir aux longitudes 135 et 265° pour que le passage des planètes supérieures par ces longitudes soit marqué par de grandes tempêtes sismiques ?

En examinant ce qui se passe pour la Terre, nous serons plus à même de répondre à cette question.

Prenons les relevés mensuels du § A de l'appendice pour les 100 années qui s'étendent de 1751 à 1850 ; sommons, pour chacun des 12 mois, les tremblements de terre correspondants et divisons chaque total par le nombre de jours du mois correspondant; nous obtiendrons ainsi, pour chaque mois, un quotient qui pourra être pris pour mesure de la fréquence en tremblements.

Les résultats fournis de la sorte sont les suivants :

Mois	Fréquence en tremblements.
Janvier	31,0
Février	31,3
Mars	31,5 maximum
Avril	31,0
Mai	28,5
Juin	25,8
Juillet	25,2
Août	29,9 maximum
Septembre	24,5
Octobre	32,0
Novembre	32,6 maximum
Décembre	31,1

On voit, par là, la consécration de ce fait (énoncé § 2), que les tremblements de terre sont plus fréquents en hiver qu'en été. Nous ne pensons pas cependant qu'on doive pour cela faire intervenir l'influence solaire ; nous sommes plutôt conduit à admettre l'influence des essaims cosmiques.

On sait, en effet, que la Terre traverse le plus d'essaims en hiver, et que les apparitions de météores passent par des maxima en mars, août et novembre. En conséquence, devant une coïncidence aussi absolue, nous ne pensons pas qu'il soit trop téméraire de dire :

Le passage de la Terre à travers les essaims cosmiques semble avoir pour résultat de produire des tremblements de terre.

Nous sommes maintenant plus à l'aise pour répondre à la question posée au commencement de ce paragraphe ; il nous semble, en effet, probable que les grandes tempêtes sismiques sont produites par le passage des grosses planètes à travers des essaims cosmiques situés aux longitudes moyennes 135 et 265°.

§ 17. — Influence des planètes Vénus et Mars.

Comme on a été amené à conclure que le passage des grosses planètes et de la Terre à travers des essaims cosmiques semble produire une augmentation dans la fréquence des tremblements de terre, il vient naturellement à l'esprit de voir ce qui a lieu pour les autres planètes.

Faisons cette vérification pour Vénus, en nous limitant, à cause de la longueur des calculs, aux 20 années qui s'étendent de 1831 à 1850. Nous opérerons de la façon suivante :

En partant de la longitude de Vénus au 1er juillet 1876 (donnée par la *Connaissance des Temps*), nous calculerons la longitude moyenne de la planète pour chacun des 240 mois, en supposant circulaire l'orbite de cette planète. (Voir Appendice, § C.)

Nous partagerons ensuite cette orbite en 12 arcs égaux : 0°-30°, 30°-90°, 60°-90°, etc., 330°-360°; ces arcs seront pour nous les 12 mois vénériens.

Cela posé, nous attribuerons chaque mois terrestre, avec son nombre de tremblements, à un mois déterminé de Vénus de la façon suivante :

Soit un mois terrestre pour lequel la longitude moyenne de Vénus aura été de 20°, nous attribuerons ce mois et le nombre de tremblements correspondants à la division de l'orbite de Vénus qui comprend 20°, soit à l'arc 0°-30°, ou au mois d'avril vénérien.

Ayant agi de la sorte avec les 240 mois terrestres, nous aurons finalement attribué à chacun des 12 mois vénériens un certain nombre de mois terrestres, et par suite un certain nombre de tremblements. Divisant alors chaque nombre de tremblements par le nombre correspondant de mois terrestres, nous obtiendrons des quotients qui pourront être pris pour mesures de la fréquence en tremblements de terre des mois vénériens.

On obtient de la sorte :

MOIS DE LA PLANÈTE VÉNUS	LONGITUDE	FRÉQUENCE EN TREMBLEMENTS
Janvier	270 — 300	15,7
Février	300 — 330	14,1
Mars	330 — 360	14,3 maximum
Avril	0 — 30	13,6
Mai	30 — 60	20,0 maximum
Juin	60 — 90	15,6
Juillet	90 — 120	15,6
Août	120 — 150	16,5 maximum
Septembre	150 — 180	11,9
Octobre	180 — 210	15,0
Novembre	210 — 240	17,7 maximum
Décembre	240 — 270	16,2

Ce tableau conduit à constater que de 1831 à 1850 le passage de Vénus par les mois de mars, mai, août et novembre coïncide avec une recrudescence dans le nombre des tremblements de terre.

Faisant pour la planète Mars le même calcul que pour Vénus, on arrive, pour une période d'années s'étendant de 1831 à 1850 (voir appendice § D) aux résultats ci-après.

MOIS DE LA PLANÈTE MARS	LONGITUDE	FRÉQUENCE EN TREMBLEMENTS
Janvier	270 — 300	19,2 maximum
Février	300 — 330	16,3
Mars	330 — 360	15,1
Avril	0 — 30	15,8 maximum
Mai	30 — 60	15,1
Juin	60 — 90	14,6
Juillet	90 — 120	12,1
Août	120 — 150	17,4 maximum
Septembre	150 — 180	13,1
Octobre	180 — 210	14,0
Novembre	210 — 240	16,4 maximum
Décembre	240 — 270	13,3

d'où la conclusion : Le passage de Mars par les mois de janvier, avril, août et novembre paraît coïncider (de 1831 à 1850) avec une recrudescence dans le nombre des tremblements de terre.

Nous ne calculerons rien pour Mercure dont l'orbite ne peut être assimilée à une circonférence.

§ 18. — **Autres groupes de maxima.**

Revenons au relevé annuel des tremblements de terre (§ 6).

Nous avons classé en quatre groupes 16 maxima ayant presque tous une grande importance ; nous avons parlé de celui de 1822 qui, quoique seul de son espèce, doit constituer un groupe distinct, le 5e ; il reste encore 9 maxima dont nous n'avons rien dit ; ce sont ceux des années

1761, 1763, 1780, 1797, 1804,
1819, 1831, 1835, 1839.

En laissant de côté le maximum de 1763, on trouve que les 8 autres ont leurs places dans les trois groupes suivants.

6e GROUPE (PÉRIODE DE 12 ANS)

MAXIMUM	DATE		
N° 1	vers 1750	11 ans.	
— 2	1761	12 —	
— 3	1773		commun avec le 4e groupe
— 4	»	24 —	
— 5	1797		
— 6	»	22 —	
— 7	1819		
— 8	1831	12 —	

La longitude moyenne de Jupiter pour ce groupe est de 320° environ.

Les deux groupes suivants sont bien moins distincts.

7e GROUPE (PÉRIODE DE 12 ANS)

MAXIMUM	DATE	
N° 1	»	
— 2	»	
— 3	80	
— 4	»	24 ans.
— 5	1804	
— 6	»	
— 7	»	35 ans.
— 8	1839	

La longitude moyenne de Jupiter pour ce groupe est de 210° environ.

8e GROUPE (PÉRIODE DE 28 ANS)

MAXIMUM	DATE		
N° 1	vers 1750	28 ans.	commun avec le 6e groupe.
— 2	1778	28 —	id. 2e id.
— 3	1806	29 —	id. 1er id.
— 4	1835		

La longitude moyenne de Saturne pour ce groupe est de 210° environ.

Nous n'avons mentionné ces deux derniers groupes peu accusés qu'à cause de l'égalité de leurs longitudes.

§ 19. — **Récapitulation.**

En attribuant les longitudes comprises entre 270 et 300° à janvier, celles entre 300 et 330° à février, etc., on arrive à former le tableau récapitulatif suivant.

PLANÈTES	MOIS DONNANT LIEU A DES MAXIMA DE TREMBLEMENTS DE TERRE						
Vénus...	Août	Novembre				Mars		Mai
La Terre.	Août	Novembre		Janvier		Mars	Avril	
Mars....	Août	Novembre			Février			
Jupiter..	Août	Novembre	Décembre					
Saturne.	Août	Novembre		Janvier				
Uranus..			Décembre					
Neptune.				Janvier				

Ce tableau met en lumière trois essaims : celui d'août (les Perséides), celui de novembre (les Léonides), et enfin celui de décembre-janvier, qui est probablement l'essaim si bien caractérisé que la Terre rencontre les 2-3 janvier.

§ 20. — **Maxima de 1843 à 1872.**

Si l'on considère les relevés annuels des tremblements de terre de 1843 à 1872, il y a lieu de répartir les mouvements maxima.

Les groupes deviennent alors :

1er GROUPE — 12 ans	2e GROUPE — 12 ans	3e GROUPE — 28 ans	4e GROUPE — 28 ans	5e GROUPE — 83 ans	6e GROUPE — 12 ans	7e GROUPE — 12 ans	8e GROUPE — 28 ans
1759	1756	1756	1773	1822	1750	»	1750
1770	1766	1783	1800	»	1761	»	1778
1783	1778	1811	1829	»	1773	1780	1806
1794	1789	1841	1858	»	»	»	1835
1806	1802	1870	»	»	1797	1804	»
1817	»	»	»	»	»	»	»
1829	»	»	»	»	1819	»	»
1841	1837	»	»	»	1831	1839	»
»	1848	»	»	»	1843	1851	»
1865	1860	»	»	»	1855	»	»

Tous les maxima sont classés à l'exception de deux, ceux de 1763 et de 1846. L'intervalle entre ces deux dates étant de 83 années, on est conduit à supposer qu'il existe un 9e groupe de maxima, dus à Uranus, produits lorsque cette planète passe aux environs de la longitude 13°, c'est-à-dire se trouve dans son mois d'avril [1].

Il est à remarquer que le maximum de 1756, que nous avons classé dans le 2e groupe, semble plutôt appartenir au 7e.

Il semble, d'après les intervalles qui séparent dans chaque groupe les maxima consécutifs, que les essaims cosmiques, dont nous avons signalé la rotation dans le sens rétrograde, prennent à l'époque actuelle un mouvement dans le sens direct ; de telle sorte que les essaims jouiraient d'un véritable mouvement d'oscillation.

§ 21. — **Conclusions générales.**

Il résulte de tout ce qui précède les conclusions suivantes :

Les grandes tempêtes sismiques paraissent dues aux passages des grosses planètes à travers des essaims cosmiques.

Les passages de la Terre, de Vénus et de Mars à travers des essaims cosmiques ne semblent donner lieu qu'à des tremblements de terre d'un ordre secondaire.

Lorsque plusieurs grosses planètes traversent en même temps des essaims cosmiques, il semble que les maxima de tremblements passent par les plus grandes valeurs.

1. Ou bien dus à Saturne passant à une longitude voisine de celle que Jupiter présente pour le 6e groupe.

Il paraît naturel d'admettre que les planètes Mars et Vénus, dont la constitution physique se rapproche de celle de la Terre, éprouvent les mêmes effets du fait des grosses planètes.

Certains essaims cosmiques semblent doués d'un mouvement d'oscillation autour d'une position moyenne.

§ 22 — **Prévision des grands tremblements de terre.**

On a pour valeurs des périodes des différents groupes de maxima de tremblements de terre.

			Ans
1er	groupe	Jupiter.	11,78
2e	—	id	11,75
3e	—	Saturne.	28,50
4e	—	id.	28,33
5e	—	Uranus.	83,00
6e	—	Jupiter.	11,67
7e	—	id.	11,83
8e	—	Saturne	28,33
9e	—	Uranus.	83,00

De là, on peut déduire les années qui ont le plus de chance de présenter des maxima de tremblements.

Voici le tableau des années de 1879 à 1930.

Années	Groupes	Planètes
1883,5	2	Jupiter
1886,3	4	Saturne
1886,5	7	Jupiter
1888,6	1	id.
1890,0	6	id.
1891,7	8	Saturne
1895,3	2	Jupiter
1898,3	7	id.
1898,5	3	Saturne
1900,3	1	Jupiter
1901,7	6	id.
1907,0	2	id.
1910,2	7	id.
1912,1	1	id.
1913,4	6	id.
1914,7	4	Saturne
1918,8	2	Jupiter
1920,0	8	Saturne
1922,0	7	Jupiter
1923,9	1	id.
1925,0	6	id.
1927,0	3	Saturne
1929,0	9	Uranus
1930,5	2	Jupiter

Ce tableau est actuellement rassurant, puisqu'il paraît indiquer une période de calme jusque vers le milieu de 1883. Il indique comme devant être particulièrement agitées les groupes d'années :

1886
1890 — 1891
1898
1900 — 1901
1912 — 1913 — 1914
1919 — 1920
1927 — 1929 — 1930

§ 23. — Correspondance entre les éruptions volcaniques et les tremblements de terre [1].

Nous donnons à l'appendice (§ E) le relevé des éruptions volcaniques observées sur tout le globe [2].

Le tableau suivant est destiné à montrer la concordance entre les époques auxquelles les maxima des éruptions et des tremblements de terre ont eu lieu.

Les années soulignées sont celles dans lesquelles les maxima des maxima ont eu lieu. A ce dernier point de vue, la concordance est surtout remarquable.

. Nous donnons ci-après, à partir de 1848, à titre de simple curiosité, un tableau semblant montrer une certaine concordance entre les époques des maxima de tremblements de terre et les événements politiques.

1848		Chute de Louis-Philippe.
1851		Coup d'État.
1855		Guerre de Crimée.
1858 / 1860	1859	Guerre d'Italie.
1865 / 1866		Mexique, Sadowa.
1870		Sedan.
1876		Guerre d'Orient.

L'agitation humaine, et surtout française, suivrait-elle les mêmes lois que l'agitation du sol? Dans ce cas, la paix régnerait de toutes façons sur la Terre au moins jusqu'en 1883.

2. Andrès Poey, Comptes rendus de l'Académie des sciences (6 janvier 1874).

ÉRUPTIONS volcaniques	TREMBLEM. de terre	ÉRUPTIONS volcaniques	TREMBLEM. de terre	ÉRUPTIONS volcaniques	TREMBLEM. de terre	ÉRUPTIONS volcaniques	TREMBLEM. de terre
1750?	1750?	1786,5	»	1814	»	»	1839
1754	»	»	1789	»	1817	1840	»
1756	1756	1790	»	1818	»	»	1841
1759	1759	1793	»	»	1819	1843	1843
1761	1761	»	1794	1820	»	1845	»
»	1763	1797	1797	1822	1822	»	1846
1766	1766	1799,5	»	1824	»	1847	»
1770	1770	»	1800	1828	»	»	1848
1772	»	»	1802	»	1829	»	1851
»	1773	»	1804	1830	»	1852	»
1774	»	1806	1806	»	1831	1855	1855
1778	1778	1808	»	1832	»	1857	»
1780	1780	»	1811	1835	1835	»	1858
1783	1783	1812	»	»	1837	1859	»

§ 24. — **Relations entre les tremblements de terre et les taches solaires.**

Dans le tableau suivant nous avons placé vis-à-vis les époques des maxima et minima des taches solaires (d'après M. Wolf de Zurich), les époques des maxima de tremblements de terre les plus voisins. Nous avons, comme précédemment, souligné les années des maxima de maxima.

ÉPOQUES DES			
MAXIMA des taches.	MAXIMA des tremblements.	MAXIMA des taches.	MAXIMA des tremblements.
1750,0	1750 ?	1755,5	1756
1761,5	1761	1766,5	1766
1769,5	1770	1775,8	1778
1779,5	1780	1784,8	1783
1789,0	1789	1798,5	1797 — 1800
1804,0	1804	1810,5	1811
1816,8	1817	1823,2	1822
1829,5	1829	1833,8	1835
1837,2	1837	1844,0	1843
1848,6	1848	1856,2	1855
1860,2	1860	1867,2	1865
1870,9	1870		

Nous croyons pouvoir tirer de ce tableau les conclusions suivantes :

Les époques des maxima des taches solaires semblent coïncider avec des époques de maxima de tremblements de terre :

La coïncidence semble peu satisfaisante en ce qui regarde les époques des minima des taches. Si on considère que les années 1756 1766, 1783, 1843 et 1855 sont des maxima de maxima de tremblements de terre et que les années 1778, 1811, 1822 et 1835 correspondent à des maxima de tremblements des mieux marqués, on est amené à conclure que les époques des minima de taches semblent tomber de préférence dans le voisinage des époques les plus fertiles en tremblements de terre.

Le magnétisme terrestre et les aurores boréales suivant les mêmes lois que les taches solaires, il en résulte que les conclusions précédentes sont applicables à ces deux ordres de phénomènes.

§ 27.

En définitive, l'examen des tremblements de terre nous conduit à énoncer le principe suivant.

Les phénomènes de météorologie terrestre et cosmique paraissent être le résultat du passage des planètes à travers les essaims de météores qui circulent au milieu de notre système planétaire.

Camp-Jacob (Guadeloupe), août 1879.

J. Delauney,

Capitaine d'artillerie de la Marine.

APPENDICE

§ A

Nombre des jours de tremblement de terre, de 1751 à 1850, classés par mois, trimestre, semestre et année.

(Extrait des catalogues de M. Alexis Perrey.)

MOIS	1751		1752		1753		1754		1755		1756		1757		1758		1759		1760	
Janvier. . .	0		1		1		2		3		83		9		3		2		11	
Février. . .	4	6	2	8	3	11	1	4	3	10	45	149	7	20	1	4	2	5	2	14
Mars. . . .	2		5		7		1		4		23		4		0		1		1	
Avril. . . .	1		4		4		2		4		18		1		2		2		0	
Mai	9	14	6	12	7	16	1	8	1	7	5	32	1	2	1	4	5	12	1	3
Juin. . . .	4		2		5		5		2		9		0		1		5		2	
Juillet . . .	4		3		1		0		1		6		4		1		2		4	
Août. . . .	1	7	0	9	0	2	7	36	2	11	13	29	7	12	0	1	4	8	6	14
Septembre .	2		6		1		29		8		10		1		0		2		4	
Octobre . .	11		5		0		8		9		6		3		0		3		1	
Novembre .	35	57	5	13	0	2	3	12	96	197	10	56	2	8	0	5	34	47	1	7
Décembre .	11		3		2		1		92		40		3		5		10		5	
1er semestre.	20		20		27		12		17		181		22		8		17		17	
2e semestre.	64		22		4		48		208		85		20		6		55		21	
TOTAL . .	84		42		31		60		225		266		42		14		72		38	

MOIS	1761		1762		1763		1764		1765		1766		1767		1768		1769		1770	
Janvier . .	9		1		2		3		3		5		13		3		3		1	
Février . .	2	21	0	4	0	5	2	6	2	9	5	12	12	28	2	7	4	10	1	5
Mars. . . .	10		3		3		1		4		2		3		2		3		3	
Avril. . . .	13		8		1		1		9		15		8		5		2		1	
Mai	1	16	1	11	3	7	3	5	4	18	21	62	4	15	3	10	1	4	1	36
Juin. . . .	2		2		3		1		5		26		3		2		1		34	
Juillet. . .	2		5		6		3		5		17		2		4		0		24	
Août. . . .	1	3	1	6	4	13	0	3	0	3	21	44	1	9	1	7	6	7	32	64
Septembre .	0		0		3		0		0		6		6		2		1		8	
Octobre . .	1		3		4		1		0		9		4		6		1		6	
Novembre .	5	9	5	9	0	8	1	6	2	3	2	16	8	14	2	11	3	6	5	19
Décembre .	3		1		4		4		1		5		2		3		2		8	
1er trimestre	37		15		12		11		27		74		43		17		14		41	
2e semestre.	12		15		21		9		6		60		23		18		13		83	
TOTAL . .	49		30		33		20		33		134		66		35		27		124	

MOIS	1771	1772	1773	1774	1775	1776	1777	1778	1779	1780
Janvier . .	11	9	20	3	8	3	1	3	1	14
Février . .	8 } 22	4 } 17	14 } 36	3 } 8	5 } 13	8 } 12	2 } 8	2 } 5	2 } 3	12 } 29
Mars. . . .	3	4	2	2	0	1	5	0	0	3
Avril. . . .	5	26	13	2	5	7	5	3	2	6
Mai	2 } 9	6 } 40	5 } 26	2 } 4	1 } 8	2 } 13	7 } 17	4 } 29	3 } 21	11 } 19
Juin. . . .	2	8	8	0	2	4	5	22	16	2
Juillet . . .	6	4	4	1	3	2	6	13	8	1
Août. . . .	13 } 26	3 } 9	3 } 9	0 } 13	0 } 6	3 } 8	6 } 18	7 } 23	14 } 26	7 } 12
Septembre .	7	2	2	12	3	3	6	3	4	4
Octobre . .	3	4	11	5	5	1	5	5	5	10
Novembre .	12 } 17	5 } 14	3 } 18	1 } 6	2 } 9	4 } 8	2 } 9	11 } 27	9 } 24	0 } 16
Décembre .	2	5	4	0	2	3	2	11	10	6
1er semestre.	31	57	62	12	21	25	25	34	24	48
2e semestre.	43	23	27	19	15	16	27	50	50	28
TOTAL . .	74	80	89	31	36	41	52	84	74	76

MOIS	1781	1782	1783	1784	1785	1786	1787	1788	1789	1790
Janvier. . .	9	3	5	26	17	12	16	2	4	4
Février. . .	4 } 14	1 } 5	84 } 165	21 } 78	20 } 49	13 } 45	13 } 35	1 } 8	4 } 11	2 } 14
Mars. . . .	1	1	76	31	12	20	6	5	3	8
Avril. . . .	14	2	77	22	24	15	6	0	0	3
Mai	2 } 22	1 } 3	77 } 223	19 } 90	14 } 50	12 } 36	3 } 12	2 } 3	2 } 12	0 } 7
Juin. . . .	6	0	69	49	12	9	3	1	10	4
Juillet . . .	8	3	54	31	18	16	7	1	1	3
Août. . . .	4 } 16	2 } 6	46 } 119	21 } 76	16 } 39	24 } 48	8 } 19	3 } 4	5 } 10	1 } 7
Septembre .	4	1	19	24	5	8	4	0	4	3
Octobre . .	8	5	36	19	23	5	7	8	2	11
Novembre .	5 } 14	2 } 12	33 } 99	20 } 64	17 } 48	15 } 51	3 } 17	4 } 14	5 } 12	1 } 14
Décembre .	1	5	30	25	8	31	7	2	5	2
1er semestre.	36	8	388	168	99	81	47	11	23	21
2e semestre.	30	18	218	140	87	99	36	18	22	21
TOTAL . .	66	26	606	308	186	180	83	29	45	42

MOIS	1791		1792		1793		1794		1795		1796		1797		1798		1799		1800	
Janvier. . .	1		1		4		0		3		6		0		5		5		1	
Février. . .	3	4	1	7	5	12	5	17	1	11	4	13	7	8	0	6	7	13	5	8
Mars. . . .	0		5		3		12		7		3		1		1		1		2	
Avril . . .	3		1		2		5		3		2		2		1		2		2	
Mai	6	10	14	15	3	8	3	21	0	4	0	2	1	4	7	12	1	6	3	15
Juin. . . .	1		0		3		13		1		0		1		4		3		10	
Juillet. . .	2		1		2		1		3		1		4		0		1		13	
Août. . . .	5	9	5	7	2	5	2	5	0	6	0	6	1	10	5	5	4	8	4	22
Septembre .	2		1		1		2		3		5		5		0		3		5	
Octobre . .	7		2		0		5		1		4		2		0		2		7	
Novembre .	1	11	3	5	1	4	2	11	3	5	1	5	3	11	4	4	3	6	5	19
Décembre .	3		0		3		4		1		0		6		0		1		7	
1er semestre.	14		22		20		38		15		15		12		18		19		23	
2e semestre.	20		12		9		16		11		11		21		9		14		41	
TOTAL . .	34		34		29		54		26		26		33		27		33		64	

MOIS	1801		1802		1803		1804		1805		1806		1807		1808		1809		1810	
Janvier . .	1		21		1		14		2		4		3		1		14		12	
Février .	0	1	8	30	1	5	11	28	1	6	3	8	4	16	3	6	6	25	7	24
Mars. . .	0		1		3		3		3		1		9		2		5		5	
Avril . . .	0		1		1		0		0		4		6		36		2		3	
Mai	0	0	5	8	0	1	6	10	7	7	4	9	6	15	19	57	7	11	2	8
Juin. . . .	0		2		0		4		0		1		3		2		2		3	
Juillet. . .	0		0		1		2		10		13		2		1		4		12	
Août . . .	0	5	8	15	5	6	11	17	16	27	38	82	1	9	0	2	8	12	5	24
Septembre .	5		7		0		4		1		31		6		1		0		7	
Octobre . .	2		15		6		19		1		33		2		2		2		1	
Novembre .	2	5	11	41	3	13	3	27	2	7	4	49	31	59	1	11	1	6	4	12
Décembre .	1		15		4		5		4		12		26		8		3		7	
1er semestre.	1		38		6		38		13		17		31		63		36		32	
2e semestre.	10		56		19		44		34		131		68		13		18		36	
TOTAL . .	11		94		25		82		47		148		99		76		54		68	

MOIS	1811	1812	1813	1814	1815	1816	1817	1818	1819	1820
Janvier . .	8	10	4	3	1	5	13	5	4	10
Février . .	5 } 16	16 } 40	3 } 12	2 } 8	2 } 7	7 } 18	5 } 49	23 } 41	12 } 22	7 } 22
Mars. . . .	5	14	5	3	4	6	31	13	6	5
Avril. . . .	5	8	11	4	17	2	10	8	19	5
Mai	6 } 19	10 } 19	8 } 24	12 } 20	1 } 19	7 } 9	5 } 17	9 } 23	9 } 50	12 } 22
Juin. . . .	8	1	5	4	1	0	2	6	22	5
Juillet. . .	15	9	14	1	1	5	8	7	5	5
Août. . . .	13 } 37	5 } 23	11 } 42	5 } 8	1 } 5	7 } 18	19 } 30	4 } 15	9 } 22	8 } 20
Septembre .	9	9	17	2	3	6	3	4	8	7
Octobre . .	5	8	9	2	1	3	6	3	7	9
Novembre .	20 } 41	8 } 23	2 } 16	14 } 21	2 } 8	4 } 10	5 } 13	5 } 18	4 } 17	6 } 19
Décembre .	16	7	5	5	5	3	2	10	6	4
1er semestre.	35	59	36	28	26	27	66	64	72	44
2e semestre.	78	46	58	29	13	28	43	33	39	39
Total . .	113	105	94	57	39	55	109	97	111	83

MOIS	1821	1822	1823	1824	1825	1826	1827	1828	1829	1830
Janvier . .	9	5	32	19	24	6	2	12	7	7
Février . .	6 } 22	25 } 43	16 } 70	12 } 44	16 } 51	6 } 19	7 } 15	16 } 43	8 } 54	3 } 29
Mars. . . .	7	13	22	13	11	7	6	15	39	19
Avril . . .	2	9	11	10	11	12	11	14	42	12
Mai. . . .	4 } 10	16 } 28	12 } 27	6 } 31	8 } 28	8 } 36	12 } 34	15 } 37	51 } 124	5 } 25
Juin. . .	4	3	4	15	9	16	11	8	31	8
Juillet. . .	9	10	5	9	9	9	9	43	11	3
Août . . .	7 } 26	32 } 53	15 } 34	22 } 38	6 } 21	8 } 27	11 } 26	38 } 93	10 } 38	3 } 28
Septembre .	10	11	14	7	6	10	6	12	17	22
Octobre . .	43	29	6	12	10	11	17	24	11	3
Novembre .	11 } 63	26 } 96	11 } 25	9 } 35	4 } 19	9 } 35	11 } 38	11 } 47	13 } 32	5 } 19
Décembre .	7	41	8	14	5	15	10	12	8	11
1er semestre.	32	71	97	75	79	55	49	80	178	54
2e semestre.	89	149	59	73	40	62	64	140	70	47
Total . .	121	220	156	148	119	117	113	220	248	101

MOIS	1831		1832		1833		1834		1835		1836		1837		1838		1839		1840	
Janvier . .	9		25		9		14		17		2		28		26		12		32	
Février . .	5	22	9	65	14	28	11	30	20	75	4	10	10	62	19	56	14	67	25	84
Mars. . .	8		31		5		5		38		4		24		11		41		29	
Avril . . .	17		8		13		10		39		6		6		3		19		16	
Mai	8	39	1	10	5	22	13	33	8	59	10	31	6	19	6	15	13	46	3	26
Juin. . . .	14		1		4		10		12		15		7		6		14		7	
Juillet . . .	17		4		2		26		5		16		4		7		1		48	
Août. . . .	8	32	4	12	10	15	8	41	15	24	9	35	7	26	12	30	23	41	19	77
Septembre .	7		4		3		7		4		10		15		11		17		10	
Octobre . .	8		4		9		17		6		4		26		12		57		18	
Novembre .	18	35	9	23	9	22	3	29	4	13	26	38	43	103	5	28	28	122	13	47
Décembre .	9		10		4		9		3		8		34		11		37		16	
1er semestre.	61		75		50		63		134		41		81		71		115		110	
2e semestre.	67		35		37		70		37		73		129		58		163		124	
Total . .	128		110		87		133		171		114		210		129		276		234	

MOIS	1841		1842		1843		1844		1845		1846		1847		1848		1849		1850	
Janvier . .	38		18		24		21		21		11		8		11		35		18	
Février . .	24	86	19	88	24	86	29	83	14	43	8	40	10	35	3	14	9	60	11	35
Mars. . .	24		51		38		33		8		21		17		0		16		6	
Avril . . .	16		24		27		10		9		9		10		9		6		48	
Mai . . .	27	69	19	64	40	85	12	38	14	43	6	42	6	24	13	28	3	14	8	67
Juin. . . .	26		21		18		16		20		27		8		6		5		11	
Juillet. . .	31		23		16		11		10		21		9		3		5		19	
Août. . . .	26	82	20	62	13	62	14	36	17	46	35	76	13	28	4	21	6	20	18	49
Septembre .	25		19		33		11		19		20		6		14		9		12	
Octobre . .	34		16		53		10		26		19		40		31		6		15	
Novembre .	23	87	17	45	17	95	5	27	19	67	20	59	31	77	27	67	7	44	13	35
Décembre .	30		12		25		12		22		20		6		9		31		7	
1re semestre.	155		152		171		121		86		82		59		42		74		102	
2e semestre.	169		107		157		63		113		135		105		88		64		84	
Total . .	324		259		328		184		199		217		164		130		138		186	

§ B

Nombre total des jours de tremblement de terre par année, de 1843 à 1872.

Résultats fournis par M. Alexis Perrey.

ANNÉES	NOMBRE DE TREMBLEMENTS DE TERRE	ANNÉES	NOMBRE DE TREMBLEMENTS DE TERRE
1843	469	1858	677
1844	274	1859	558
1845	271	1860	646
1846	331		
1847	259	1861	630
1848	338	1862	600
1849	294	1863	514
1850	334	1864	512
		1865	581
1851	339	1866	477
1852	332	1867	655
1853	477	1868	946
1854	498	1869	956
1855	775	1870	967
1856	659	1871	915
1857	609	1872	825

§ C

Longitudes moyennes de Vénus pour chacun des mois des années de 1831 à 1850.

MOIS	1831	1832	1833	1834	1835	1836	1837	1838	1839	1840	1841	1842	1843	1844	1845	1846	1847	1848	1849	1850
Janvier	327	192	56	281	146	11	235	100	325	190	55	279	144	9	234	98	323	188	53	278
Février	16	240	105	330	195	59	284	149	14	239	103	328	193	58	282	147	12	237	101	326
Mars	64	289	154	19	243	108	333	198	62	287	152	17	242	106	331	196	61	285	150	15
Avril	113	338	203	67	292	157	22	246	111	336	201	66	290	155	20	245	109	334	199	64
Mai.	162	27	251	116	341	206	70	295	160	25	249	114	339	204	69	293	158	23	248	112
Juin	210	75	300	165	30	254	119	344	209	73	298	163	28	253	117	342	207	72	296	161
Juillet.	259	124	349	214	78	303	168	33	257	122	347	212	76	301	166	31	256	120	345	210
Août	308	173	37	262	127	352	217	81	306	171	36	260	125	350	215	80	304	169	34	259
Septembre. . .	357	221	86	311	176	41	265	130	355	220	84	309	174	39	263	129	353	218	83	307
Octobre. . . .	45	270	135	0	225	89	314	179	44	268	133	358	223	87	312	177	42	267	131	356
Novembre . . .	94	319	184	48	273	138	3	228	92	317	182	47	271	136	1	226	90	315	180	45
Décembre . . .	143	8	232	97	322	187	52	276	141	6	231	95	320	185	50	274	139	4	229	94

§ D

Longitudes moyennes de Mars pour chacun des mois des années de 1831 à 1850.

MOIS	1831	1832	1833	1834	1835	1836	1837	1838	1839	1840	1841	1842	1843	1844	1845	1846	1847	1848	1849	1850
Janvier.......	65	256	88	279	110	301	133	324	156	347	178	9	201	32	223	54	246	77	268	100
Février........	81	272	104	295	126	317	149	340	172	3	194	25	217	48	239	70	262	93	284	116
Mars..........	97	288	120	311	142	333	165	356	188	19	210	41	233	64	255	86	278	109	300	132
Avril..........	113	304	136	327	158	349	181	12	204	35	226	57	249	80	271	102	294	125	316	148
Mai...........	129	320	152	343	174	5	197	28	220	51	242	73	265	96	287	118	310	141	332	164
Juin..........	145	336	168	359	190	21	213	44	236	67	382	89	281	112	303	134	326	157	348	180
Juillet.........	161	352	184	15	206	37	229	60	251	83	274	105	297	128	319	150	342	173	4	196
Août.........	177	8	200	31	222	53	245	76	267	99	290	121	313	144	335	166	358	189	20	212
Septembre.....	193	24	216	47	238	69	261	92	283	115	306	137	329	160	351	182	14	205	36	228
Octobre.......	209	40	232	63	254	85	277	108	299	131	322	153	345	176	7	198	30	221	52	244
Novembre.....	225	56	248	79	270	101	293	124	315	147	338	169	1	192	23	214	46	237	68	260
Décembre......	241	72	264	95	285	117	309	140	331	163	354	185	17	208	39	230	62	253	84	276

§ E

Tableau des éruptions volcaniques sur tout le globe.

(Résultats donnés par M. Andrès Poey.)

ANNÉES	ÉRUPTIONS	ANNÉES	ÉRUPTIONS	ANNÉES	ÉRUPTIONS	ANNÉES	ÉRUPTIONS
1749	4	1778	3	1807	2	1836	9
1750	4	1779	2	1808	6	1837	7
1751	4	1780	5	1809	4	1838	6
1752	3	1781	3	1810	3	1839	5
1753	3	1782	1	1811	4	1840	6
1754	5	1783	9	1812	5	1841	5
1755	4	1784	4	1813	2	1842	9
1756	8	1785	6	1814	7	1843	18
1757	5	1786	8	1815	3	1844	8
1758	1	1787	8	1816	5	1845	17
1759	4	1788	3	1817	6	1846	15
1760	2	1789	3	1818	7	1847	19
1761	5	1790	5	1819	6	1848	11
1762	4	1791	2	1820	10	1849	11
1763	4	1792	4	1821	9	1850	10
1764	4	1793	14	1822	22	1851	8
1765	2	1794	3	1823	9	1852	29
1766	8	1795	5	1824	13	1853	9
1767	6	1796	7	1825	11	1854	16
1768	2	1797	8	1826	5	1855	22
1769	0	1798	5	1827	12	1856	17
1770	5	1799	6	1828	14	1857	21
1771	2	1800	6	1829	7	1858	9
1772	8	1801	2	1830	14	1859	11
1773	1	1802	4	1831	9	1860	5
1774	6	1803	4	1832	16	1861	6
1775	5	1804	6	1833	8		
1776	3	1805	6	1834	4		
1777	2	1806	8	1835	28		

DISCUSSION

COMPTES RENDUS DE L'ACADÉMIE DES SCIENCES

SÉANCE DU 17 NOVEMBRE 1879.

Météorologie. — Nouveau principe de Météorologie fourni par l'examen des tremblements de terre. Mémoire de M. J. Delauney (Extrait).

Commissaires : MM. Faye, Daubrée, Tisserand.

« Après avoir cité les travaux de MM. Alexis Perrey, Mérian, Otto Volger, Reclus et autres, qui font ressortir les influences de la Lune, du Soleil et de la nuit sur les tremblements de terre, l'auteur signale, comme la cause la plus probable de la fréquence de ce phénomène, l'influence des deux grosses planètes supérieures, Jupiter et Saturne.

« En prenant comme point de départ les tableaux de M. Alexis Perrey de 1750 à 1842 et cherchant les maxima de la courbe obtenue, M. Delauney constate :

« 1° Un premier groupe de maxima, commençant à l'année 1759, et dont la période est sensiblement de douze années ;

« 2° Un deuxième groupe, commençant en 1756, et dont la période moyenne est également de douze années ;

« 3° Un troisième groupe, commençant en 1756, et dont la période moyenne est de vingt-huit ans ;

« 4° Un quatrième groupe, commençant en 1773, et dont la période moyenne est également de vingt-huit ans.

« Ces quatre séries de maxima ressortent nettement des tableaux de M. Alexis Perrey, sauf toutefois deux termes qui font défaut dans la deuxième série.

« L'auteur remarque ensuite que les époques des maxima des premier et deuxième groupes coïncident avec celles où Jupiter atteint les longitudes moyennes de 265° et de 135°, tandis que les époques des maxima des troisième et quatrième groupes coïncident avec celles où la planète Saturne se trouve aux mêmes longitudes moyennes de 265° et de 135°. Cette coïncidence entre la périodicité des maxima de tremblements de terre et celle des deux planètes Jupiter et Saturne, conduit à cette conclusion, que *les tremblements de terre semblent passer par un maximum, quand Jupiter et Saturne se trouvent aux environs des longitudes moyennes de 265° et de 135°.*

« Les tableaux de M. Alexis Perrey montrent, en outre, que la fréquence des tremblements de terre est plus grande pendant les mois d'hiver que pendant les mois d'été. Le mois de novembre tient la première place dans ce classement. L'auteur attribue ces recrudescences à ce que la Terre traverserait, surtout pendant l'hiver, des essaims cosmiques. Par extension de cette idée, il considère comme probable que *l'influence de Jupiter et de Saturne sur les tremblements de terre est due aux passages de ces deux planètes supérieures à travers des essaims cosmiques situés aux longitudes moyennes de 135° et de 265°.*

« Les calculs ont également porté sur Mars et Vénus, et même sur Uranus et Neptune, sur les périodes d'apparition des taches solaires, etc.

« Enfin, comme conséquence des résultats obtenus, l'auteur croit pouvoir donner un tableau approximatif des tremblements de terre futurs, et signale particulièrement les années 1886, 1891, 1898, 1900, 1912, 1919, 1927, 1930, comme devant être fécondes en tremblements de terre. »

PRÉVISION DES ÉPOQUES DES GRANDS TREMBLEMENTS DE TERRE

JOURNAL LA NATURE DU 23 OCTOBRE 1880.

Il résulte d'un travail présenté par nous à l'Académie des sciences, que la majeure partie des phénomènes de météorologie cosmique et terrestre paraissent dus aux passages des planètes à travers les essaims de météores.

Nous sommes parvenu à énoncer ce grand principe par l'étude des tremblements de terre. Les lois qui régissent ces derniers seraient, d'après nous, les suivantes :

1° Les grandes tempêtes sismiques semblent dues aux passages des grosses planètes à travers les essaims cosmiques. Il y a surtout lieu de noter les passages à travers des essaims placés aux longitudes moyennes 135 et 265° ; ces essaims paraissent être les mêmes que ceux que la Terre rencontre chaque année en août et en novembre.

2° Les passages de Vénus, de la Terre et de Mars à travers les essaims cosmiques ne semblent donner lieu qu'à des tremblements de terre d'un ordre secondaire ; chacune de ces planètes occasionne néanmoins une recrudescence de tremblements pendant les mois d'août et de novembre.

3° Les plus fortes et longues tempêtes sismiques semblent avoir lieu lorsque deux grosses planètes passent en même temps par des essaims cosmiques ; telles sont les tempêtes des années 1755, 1783, 1829 et 1841.

4° Certains essaims cosmiques paraissent animés d'un lent mouvement d'oscillation autour d'une position moyenne.

Ces lois posées, rien n'était plus facile que de prédire les époques des grands tremblements de terre ; nous donnons ci-après ces époques jusqu'en 1920 :

1883,5 ;	1886,3 ;	1886,5 ;	1888,6 ;	1890,0 ;
1891,7 ;	1895,3 ;	1898,3 ;	1898,5 ;	1900,3 ;
1901,7 ;	1907,0 ;	1910,2 ;	1912,1 ;	1913,4 ;
1914,7 ;	1918,8 ;	1920,0.		

Comme époques particulièrement agitées, nous aurions, par suite, les groupes d'années :

1886,1890 — 1891, 1898,1900 — 1901,
1912 — 1913 — 1914, 1919 — 1620.

La prochaine tempête sismique serait due à la rencontre de Jupiter et de l'essaim d'août ; la date de 1883,5 serait celle du commencement du phénomène.

J. Delauney.

COMPTES RENDUS DE L'ACADÉMIE DES SCIENCES

SÉANCE DU 3 SEPTEMBRE 1883.

M. J. Delauney adresse, par l'entremise de M. Larrey, une note relative aux indications formulées par lui, il y a quelques années, sur les époques probables des grands tremblements de terre.

Dans une note adressée à l'Académie, et insérée par extrait aux *Comptes rendus* de la séance du 17 novembre 1879 (t. LXXXIX, p. 844), sous le titre « Nouveau principe de Météorologie, fourni par l'examen des tremblements de terre », l'auteur considérait comme probable que « l'influence de Jupiter et de Saturne sur les tremblements de terre est due aux passages de ces deux planètes supérieures à travers des essaims cosmiques situés aux longitudes moyennes de 135° et 265° ». Il donnait un tableau approximatif des tremblement de terre futurs : dans ce tableau, l'année 1883 n'était point comprise.

Dans une note, insérée au journal *la Nature*, le 23 octobre 1880, sous le titre « Prévision des époques des grands tremblements de terre », l'auteur donnait un nouvel énoncé des lois auxquelles il avait été conduit, et un nouveau tableau des époques auxquelles les tremblements de terre devaient se produire, jusqu'en 1920 ; il distinguait enfin, dans ces époques, celles qui seraient *particulièrement agitées*. L'année 1883, sans être signalée comme devant être particulièrement agitée, était cependant une de celles qu'il mentionnait. La note se terminait par cette phrase : « La prochaine tempête sismique serait due à la rencontre de Jupiter et de l'essaim d'août ; la date de 1883,5 serait celle du commencement du phénomène. »

LETTRE ADRESSÉE A M. LE PRÉSIDENT DE L'ACADÉMIE DES SCIENCES

CHERBOURG, 11 SEPTEMBRE 1883.

Monsieur le Président,

La note qui vient de paraître dans les *Comptes rendus* du 3 septembre dernier, sur mes prévisions de tremblements de terre, appelle quelques éclaircissements.

Dans le mémoire que j'ai eu l'honneur d'adresser à l'Académie des sciences au mois d'août 1879, on lisait au § intitulé *Prévisions :*

« De là, on peut déduire les années qui ont le plus de chances de présenter des maximums de tremblements ; ce sont : 1883,5, — 1886,3, — 1886,5 — 1888,6, etc.

« Ce tableau est actuellement rassurant, puisqu'il paraît indiquer une période de calme jusque vers le milieu de 1883. Il indique comme devant être particulièrement agitées les groupes d'années : 1886, 1890-1891, etc. »

Ce travail fut favorablement accueilli par M. Daubrée, alors président de l'Académie. Comme j'étais aux Antilles, un résumé fut rédigé par un de mes parents; M. Daubrée voulut bien le revoir et le corriger, et c'est cette note qui parut dans les comptes rendus du 17 novembre 1879.

Ce résumé, au lieu de donner le premier tableau, qui renfermait toutes les prévisions, ne donnait que le second, qui n'était qu'un extrait.

Aussi, à mon retour en France, je voulus combler cette lacune et je fis insérer dans le journal *La Nature* (n° du 23 octobre 1880) une note qui renfermait les deux tableaux, et, pour bien appeler l'attention sur l'année 1883, je terminais en disant :

« La prochaine tempête sismique serait due à la rencontre de Jupiter et de l'essaim d'août, la date 1883,5 serait celle du commencement du phénomène. »

Comme vous le voyez, Monsieur le Président, la question est bien simple; il n'y a jamais eu de ma part ni tergiversation, ni révision de mon travail; j'ai toujours indiqué la date 1883,5 comme devant être fertile en grands tremblements de terre.

Veuillez, etc.

J. Delauney.

COMPTES RENDUS DE L'ACADÉMIE DES SCIENCES

SÉANCE DU 10 SEPTEMBRE 1883.

Physique du globe. — Sur certaines prédictions relatives aux tremblements de terre; par M. Faye.

L'Académie reçoit parfois communication d'idées tellement excentriques que les Commissions chargées de leur examen hésitent à lui en rendre compte : le jugement qu'elles provoqueraient serait purement négatif et pourrait nuire à des savants qu'on risquerait de décourager.

C'est le cas de celle que M. J. Delauney nous a adressée le 17 novembre 1879. MM. Daubrée, Tisserand et Faye avait été nommés commissaires; mais, comme l'auteur affirmait que les planètes, Jupiter et Saturne surtout, exercent une influence décisive sur les tremblements de terre, la commission s'est abstenue de faire un rapport.

Depuis cette époque sont survenus les terribles événements d'Ischia et de l'île de Java. M. Delauney y a trouvé une confirmation frappante de ses vues et n'a pas manqué de le constater devant l'Académie, en disant que, s'il n'avait pas signalé l'année 1883 comme devant être particulièrement agitée, il en avait fait du moins mention dans son Mémoire de 1879.

Il rappelle même la phrase suivante, qu'il a insérée postérieurement dans le journal *la Nature* du 23 octobre 1880 :

« La prochaine tempête sismique serait due à la rencontre de Jupiter et de l'essaim d'août; la date de 1883,5 serait celle du commencement du phénomène. »

De plus, on lit dans les journaux de la semaine dernière que, d'après M. J. Delauney, l'époque la plus critique serait 1886. Il en est résulté déjà d'assez vives inquiétudes dans le public.

L'esprit humain est ainsi fait : l'accomplissement presque à jour fixe d'une prédiction le frappe toujours vivement, que la prédiction ait été ou non fondée en raison. Là est le secret du long règne de l'astrologie judiciaire qui a rencontré parfois ses jours de succès. On ne se demande pas sur quoi l'auteur s'est appuyé pour formuler ses prévisions : on ne voit que la coïncidence purement fortuite qui s'est produite. Et, s'il annonce de nouvelles catastrophes, on ne doute pas qu'elles ne se réalisent à leur tour, puisque déjà une fois les dires de l'auteur se sont trouvés confirmés par l'événement. Dans la circonstance actuelle, nous devons prévenir des inquiétudes sans fondement et ne pas permettre en tout cas qu'elles se propagent sous le couvert de l'Académie ; et puisque M. le Président a renvoyé à la même commission la nouvelle communication de M. Delauney, je crois devoir prendre la parole aujourd'hui même comme membre de cette commission, sans attendre le retour de nos deux confrères absents, persuadé que ni M. Daubrée, ni M. Tisserand ne me désapprouveront.

Il y a longtemps que les géologues enregistrent avec soin les tremblements de terre. Il ne se passe presque pas de jour qu'il ne s'en produise ici ou là sur notre globe. Heureusement les grandes catastrophes comme celles d'Ischia et de Java sont beaucoup plus rares;

il s'agit le plus souvent de simples frémissements ou de faibles ondu lations.

Un professeur de Dijon, M. Alexis Perrey, a soupçonné que la Lune devait jouer un rôle quelconque dans ces phénomènes. Pour vérifier cette supposition, il a réuni plus de cinq mille mentions de tremblements de terre, et il en a comparé les dates avec celles où la Lune s'est trouvée en syzygie ou en quadrature avec le Soleil. Il se fondait sur ce que, la Lune produisant des marées dans l'Océan, par son attraction, elle devait agir de même sur la masse interne du globe en pleine fusion ignée. De là, pensait-il, de petites poussées exercées continuellement par cette masse liquide contre la croûte solidifiée qui la recouvre. Ces petits efforts suivent la Lune dans son cours comme l'onde de la marée ; ils ne produiraient rien d'appréciable par eux-mêmes ; mais si, en quelques points, une sorte d'équilibre instable venait à s'établir entre la pression de l'écorce et les réactions locales de la masse interne, la faible action lunaire serait peut-être capable de déterminer la rupture de cet équilibre et, par suite, de provoquer indirectement des secousses souterraines. Le résultat de ces recherches n'a pas répondu à l'attente de M. A. Perrey ; toutefois son catalogue de tremblements de terre subsiste comme une mine précieuse de documents tout prêts pour d'autres recherches.

M. J. Delauney l'a étudiée à un autre point de vue. Il a cherché, et cela est parfaitement rationnel, si ces phénomènes ne présenteraient pas des traces de retours périodiques, et il a cru y trouver, en effet, que les grands tremblements de terre revenaient à des intervalles d'à peu près douze ans ou vingt-huit ans. Et comme ces deux périodes reproduisent grossièrement celles de Jupiter $11^a,9$ et de Saturne $29^a,5$, il en a conclu, là est évidemment l'erreur, que c'est à l'influence de ces planètes qu'il faut attribuer les tremblements de terre. Influence bien mystérieuse sans doute et totalement différente de celle que M. A. Perrey attribuait à la Lune, car si la Lune, notre très proche voisine, produit sur l'Océan des effets minimes mais incontestables, par son attraction, il ne saurait en être de même de Jupiter et de Saturne, à cause de leur énorme éloignement.

M. Delauney a été plus loin encore dans cette voie. Il suppose que l'influence de Jupiter se manifeste au moment où cette planète traverse l'essaim des corpuscules qui donne naissance aux étoiles filantes de la Saint-Laurent. C'est là ce qui a conduit le savant auteur à désigner 1883,5 (le 1er ou le 2 juillet 1883) pour la date où doit débuter la période sismique qui atteindrait son maximum en 1886,5 (21 avril 1886).

Or, quel effet pourrait produire le passage de Jupiter à travers cet essaim d'insignifiants corpuscules? S'il existe des habitants sur cette planète, ils auraient eu, à l'époque indiquée, pendant la nuit, le spectacle d'étoiles filantes comme les nôtres au mois d'août, plus rares seulement et beaucoup moins brillantes. Se figure-t-on que ces lueurs fugitives qui traversent notre ciel à l'époque de la Saint-Laurent puissent avoir quelque influence sur nos tremblements de terre? Non sans doute. Eh bien, ce ne sont même pas ces lueurs terrestres dont M. Delauney se préoccupe, mais celles de Jupiter. Ce sont celles-là qui auraient produit les dernières catastrophes sur notre globe.

Il y a plus. M. Delauney n'a probablement pas fait attention à la nature de l'orbite de cet essaim. Elle est telle que jamais Jupiter ne peut y pénétrer. Cet anneau, formé de débris cométaires, va bien percer quelque part, à peu près par la longitude héliocentrique de 138°, le plan de l'orbite de Jupiter, mais c'est à une distance énorme de cette planète. Partout ailleurs la forte inclinaison de cet anneau sur l'écliptique (64°) le tient très loin de Jupiter. La date de 1883,5 est bien à peu près celle de leur plus courte distance; seulement Jupiter, au lieu de pénétrer dans l'essaim, a passé, en 1883,5, à une distance égale à peu près de trois fois celle de la Terre au Soleil, c'est-à-dire à plus de cent millions de lieues [1].

Ainsi la coïncidence approchée de cette date avec l'un des terribles tremblements de terre de cette année est le résultat d'une méprise astronomique. Les autres prédictions de l'auteur n'ont pas plus de portée, car elles sont basées, comme la première, sur ces passages supposés des planètes par des essaims bien innocents de débris cométaires. Espérons qu'elles n'effrayeront plus personne.

Il faut chercher ailleurs, tout le monde en conviendra, les moyens de prévision applicables à ces terribles secousses. C'est l'observation directe des phénomènes terrestres, ce sont les études approfondies des Géologues qui, seules, nous y conduiront. On sait déjà que les grandes secousses n'arrivent pas sans donner d'avance quelques avertissements. Il y a, même pour les éruptions volcaniques, des indices

1. Nous ne pouvons admettre ce calcul, qui repose sur trois hypothèses : 1° la connaissance parfaite de l'orbite de l'essaim ; 2° l'essaim dénué de dimensions et réduit à une courbe ; 3° l'absence d'attraction de la part de Jupiter.

prémonitoires, comme pour le choléra. On les connaît depuis longtemps, surtout en Italie, et il paraît bien que la catastrophe d'Ischia aurait pu être évitée ou atténuée, si l'on en avait tenu compte. Là est la véritable voie, et non dans les aspects des planètes par rapport aux hôtes les plus insignifiants de l'espace céleste.

Du reste, il faut bien le dire, M. Delauney n'est pas le seul esprit distingué qui se laisse entraîner dans la voie des analogies cosmiques.

C'est là une tendance qui semble s'accentuer de plus en plus à notre époque. Un des meilleurs types de ce genre est la tentative qui a été faite par des savants éminents, de rattacher les taches du Soleil aux aspects des planètes, et cette autre, qui consiste à rattacher aux taches du Soleil les variations annuelles du nombre des faillites sur la place de Londres. Encore faut-il convenir que la transition des taches du Soleil à ces faillites est bien moins hardie, moins surprenante et moins forcée que celle des passages de Jupiter par l'essaim d'août aux tremblements de terre de l'Italie ou des îles de la Sonde.

LES TREMBLEMENTS DE TERRE

LE JOURNAL LE VOLTAIRE, DU 16 SEPTEMBRE 1883.

Nos lecteurs savent que M. Bertrand communiquait naguère à l'Académie des sciences les importantes constatations de M. Delauney, capitaine d'artillerie de marine, sur les commotions terrestres, ainsi que ses prévisions, qui ont été si terriblement justifiées par les récents désastres.

Comme il arrive toujours en pareil cas, cette découverte a été vivement discutée dans le monde savant.

Voici le texte inédit d'une note que le capitaine Delauney vient d'adresser au baron Larrey, en le priant d'en donner lecture à ses collègues à la prochaine séance de l'Académie des sciences :

« En attendant que je réponde aux attaques dirigées contre mon mémoire, attaques que je ne connais pas encore d'une façon précise, je prie M. le baron Larrey de vouloir bien porter à la connaissance de l'Académie le fait suivant :

« Le 12 mars 1877, j'ai écrit à l'Académie des sciences pour lui annoncer que la Terre était menacée de forts tremblements pour une époque que je fixais à avril-mai 1877.

« On lit, en effet, dans le compte rendu de la séance de l'Académie, du 19 mars (Voir le *Journal officiel* du 22 mars 1877) :

« M. Delauncy annonce que, d'après ses calculs, nous sommes me-
« nacés de toute une série de tremblements de terre en avril et en
« mai 1877.

« C'est bien possible; mais l'auteur n'a oublié qu'une chose, c'est
« de nous initier à son mode de calcul. La prophétie aurait une tout
« autre valeur si elle était appuyée sur des considérations dont tout
« le monde puisse discuter la justesse et l'exactitude. »

« Il se produisit à l'époque annoncée un grand nombre de tremblements dont les plus importants furent :

« 1° Le 2 mai, une grande et violente secousse qui se fit sentir dans toute la Suisse et jusqu'en Alsace;

« 2° Le 10 mai et jours suivants, tremblement de terre, éruptions, raz de marée dans tout l'archipel des Sandwich;

« 3° Enfin, le 10 mai, le grand tremblement de terre du Pérou et de la Bolivie, qui s'étendit sur presque toute la partie occidentale de l'Amérique du Sud et la moitié du Pacifique, qui causa la perte d'un grand nombre de navires, fit des dégâts dans toutes les villes du littoral et détruisit complètement la ville d'Iquique.

« Ce tremblement de terre fut un des plus violents du siècle. (En voir la description dans le *Journal officiel* du 29 juin 1879.)

« Je crois donc pouvoir annoncer que ma prévision a été complètement réalisée; j'avais prédit pour avril-mai, et les tempêtes sismiques ont commencé le 2 mai.

« L'Académie estimera si cette concordance doit encore être mise au compte du hasard.

« J. Delauney. »

COMPTES RENDUS DE L'ACADÉMIE DES SCIENCES

SÉANCE DU 24 SEPTEMBRE 1883.

M. J. Delauney adresse une nouvelle note sur les époques probables des tremblements de terre.

« A la suite de l'étude de nombreux résultats, j'ai cru devoir formuler cette loi :

La plupart des phénomènes de météorologie cosmique et terrestre, et, en particulier, les grandes tempêtes sismiques, semblent se produire lorsque les grosses planètes passent par certaines longitudes, notamment par celles de 135° et 265° environ.

Essayant ensuite d'interpréter ce résultat, j'ai dit qu'il était probable qu'à ces longitudes les grosses planètes traversaient des essaims cosmiques.

On voit donc :

D'une part, que cette dernière proposition n'est qu'une hypothèse que chacun peut admettre ou repousser sans que la loi puisse en être en quoi que ce soit confirmée ou atteinte.

D'un autre côté, que, si l'hypothèse découle de la loi, la loi, en revanche, est complètement indépendante de l'hypothèse.

Dans ces conditions, qu'est-il arrivé?

M. Faye, ne discutant que l'hypothèse, a conclu qu'elle était inadmissible et que, par suite, la loi cessait d'être vraie.

Je crois donc être en droit de dire que la loi que j'ai énoncée sur les grandes tempêtes sismiques n'a nullement été atteinte par les objections de M. Faye.

J'ajouterai que, comme cette loi a été confirmée deux fois par l'événement en mai 1877 et en juillet 1883, elle a les plus grandes chances d'être l'expression de la vérité. »

(Renvoi à la commission précédemment nommée.)

LES LOIS DES TREMBLEMENTS DE TERRE ET DES AUTRES PHÉNOMÈNES MÉTÉOROLOGIQUES

LE JOURNAL LE VOLTAIRE DU 23 SEPTEMBRE 1883.

De tous les phénomènes météorologiques, les tremblements de terre sont ceux qui permettent le mieux de dégager les nombreux facteurs qui agissent sur la météorologie de notre système planétaire.

Si l'on jette les yeux sur le tableau du nombre des tremblements de terre annuels de 1751 à 1850, on reconnaît tout de suite quatre groupes principaux d'années où le nombre des tremblements passe par un maximum.

Ce sont :

1er groupe.

1759, 1770, 1783, 1794, 1806, 1817, 1829, 1841.

2e groupe.

1755, 1766, 1778, 1789, 1802, —, —, 1837, 1848.

3e groupe.

1755, 1783, 1811, 1841.

4e groupe.

1773, 1800, 1829.

Les deux premiers groupes sont à période de douze ans environ, les deux derniers ont une période d'à peu près vingt-huit années.

Il vient naturellement à l'esprit de voir si ces périodes ne seraient pas liées aux mouvements des planètes, Jupiter et Saturne, dont elles présentent à peu près les durées de révolution autour du Soleil.

En calculant où se trouvent ces planètes aux années précédemment indiquées, on arrive à ce résultat :

Longitude approchée de Jupiter pour les années du 1er groupe : 265 degrés ;

Longitude approchée de Jupiter pour celles du 2e groupe : 135 degrés ;

Longitude approchée de Saturne pour celles du 3e groupe : 265 degrés ;

Longitude approchée de Saturne pour celles du 4e groupe : 135 degrés.

Ce résultat présente une coïncidence fort remarquable et permet de dire que la Terre éprouve des maximums de tremblements, lorsque Jupiter et Saturne passent par des longitudes voisines de 265 et 135 degrés.

Il y a aussi à noter que, dans le siècle considéré, les années qui ont offert le plus grand nombre de tremblements sont :

1755, 1783, 1829, 1841.

Or, ces quatre années appartiennent à la fois à deux groupes; il semble donc que, pour elles, l'action de Jupiter et celle de Saturne se soient ajoutées.

C'est la loi précédente qui m'a permis de prédire avec certitude les grandes tempêtes sismiques de mai 1877 et de juillet 1883.

Les premiers tremblements de terre correspondent à Jupiter, passant à une longitude voisine de 265°, et les seconds à la même planète, passant par une longitude de 135° environ.

On arrive alors naturellement à se demander ce qu'il peut bien y avoir aux longitudes 265 et 135 degrés pour qu'en les traversant, les grosses planètes produisent les grands tremblements de Terre.

Si on examine, à l'aide des relevés par mois, l'influence de la longitude terrestre sur les tremblements, on trouve que la Terre présente le plus de tremblements aux mois d'août et de novembre.

On trouve aussi, pour Vénus et pour Mars, que c'est lorsque ces planètes sont à des longitudes voisines de 265 et 135 degrés, que la Terre présente le plus de tremblements.

Or, si l'on considère que les longitudes 135 et 265 correspondent à peu près aux mois d'août et de novembre, on arrive à cette conclusion générale :

La Terre éprouve des tremblements lorsqu'une planète quelconque (la Terre comprise) se trouve à son mois d'août ou à son mois de novembre.

De là à conclure que les tremblements de terre se produisaient lorsque les planètes traversaient les essaims que la Terre rencontre en août et en novembre, il n'y avait qu'un pas.

Il y a plus. Considérant que tous les phénomènes de météorologie terrestre et cosmique sont connexes, on n'a pas craint d'énoncer cette loi :

Tous les phénomènes météorologiques sont dus aux passages des planètes par des essaims cosmiques, surtout ceux d'août et de novembre.

M. Faye s'élève contre cette assertion : il ne comprend pas comment des corpuscules pourraient avoir une influence quelconque sur les planètes ou le Soleil.

Cet éminent astronome a en effet l'idée préconçue qu'en ce qui concerne le système planétaire, il n'y a à tenir compte que de la gravitation. Mais si l'on peut dire que la loi de la gravitation est la loi maîtresse du système planétaire, il n'y a aucune impossibilité à ce qu'il existe un autre principe.

Ma théorie, que je vais esquisser à grands traits, permet d'expliquer les phénomènes météorologiques par le passage des planètes à travers les essaims cosmiques.

J'établis d'abord que le Soleil et les planètes par leur force attractive et surtout par suite de leur déplacement, s'entourent de tous les gaz qu'ils rencontrent dans l'espace.

Ces gaz qui sont sans cesse renouvelés, sont comprimés et exercent une certaine pression sur l'atmosphère de l'astre. Cette compression n'est pas la même partout; faible depuis les pôles jusqu'à une certaine latitude, elle ne prend une valeur appréciable que dans la zone équatoriale : habituellement, c'est le long de l'équateur que les gaz rencontrés s'écoulent.

Voyons maintenant ce qui se passe quand une planète traverse un essaim cosmique. Tout d'abord, la planète, passant dans un milieu relativement dense, devra perdre une certaine partie de sa force vive. Ce travail perdu, comme on va le voir, est distribué à l'essaim sous les deux formes, calorifique et dynamique.

En effet, à cause de l'accumulation de la matière cosmique dans la zone équatoriale, l'écoulement dans cette zone ne suffit plus, et la matière trouve une certaine facilité à s'en aller par les pôles; ce dernier écoulement se fait avec violence, la matière cosmique, qui arrive aux pôles de divers côtés, se choque, se comprime encore à un plus haut degré, et donne naissance aux aurores polaires, après avoir produit les cyclones et les déviations magnétiques.

En somme, la matière qui s'est écoulée le long de l'équateur a été simplement comprimée, mais celle qui a filé par les pôles a été non seulement comprimée, mais encore lancée dans l'espace avec une grande vitesse.

Cette dernière matière se résout le plus souvent en comète, surtout lorsqu'elle a eu affaire à une grosse planète, comme Jupiter, animée d'un grand mouvement de rotation. Cette comète par son mouvement rapide dans l'espace, produira à son tour l'échauffement de tous les gaz qu'elle rencontrera. De telle sorte que le passage d'une planète à travers un essaim a pour effet de produire d'abord un échauffement en une certaine portion de l'espace planétaire, puis un autre échauffement dû à l'action de la comète, ce dernier durant plus longtemps et se manifestant dans une très grande portion de l'espace.

La chaleur produite se répandra dans tout l'espace planétaire. Voyons l'effet produit sur la Terre.

Notre planète venant à rencontrer des gaz plus chauds, c'est-à-dire possédant une grande force élastique, aura son atmosphère plus comprimée.

Cette augmentation dans la compression se produira surtout dans la zone équatoriale. L'atmosphère tendra donc à subir un déplacement de l'équateur vers les pôles. Si l'échauffement est considérable, les gaz, au lieu de s'écouler seulement le long de l'équateur, pourront filer par les pôles, et tout pourra se passer comme si la Terre elle-même traversait un essaim.

Quoi qu'il en soit, le déplacement de l'air de l'équateur vers les pôles aura pour effet de changer les conditions d'équilibre entre les pressions subies et exercées par l'atmosphère, la croûte terrestre et le noyau liquide intérieur. Le noyau plus pressé aux pôles tendra à se déformer et à se renfler à l'équateur et aux latitudes avoisinantes. La croûte terrestre offrant une certaine résistance, des éruptions volcaniques se produiront dans la zone équatoriale.

Si maintenant la pression élastique des gaz de l'espace revient à ce qu'elle était auparavant, l'atmosphère retournera des pôles vers l'équateur, et le noyau perdra le renflement qu'il avait subi.

La croûte terrestre pourra donc s'effondrer en certains endroits voisins de l'équateur, et on aura le phénomène des grands tremblements de terre.

L'action sur le Soleil sera analogue. Lors du déplacement de l'atmosphère d'hydrogène de l'équateur vers les pôles, la pression barométrique à la surface venant à diminuer dans la zone équatoriale, la masse liquide rendra une partie de l'hydrogène qu'elle tenait en dissolution, ce qui aura pour effet de produire des taches.

Tels sont les rapides aperçus destinés à montrer comment on peut expliquer la plupart des phénomènes météorologiques par le passage des planètes à travers les essaims cosmiques.

J. Delauney.

COMPTES RENDUS DE L'ACADÉMIE DES SCIENCES

SÉANCE DU 1er OCTOBRE 1883.

Géologie. — Sur l'insuffisance des relevés statistiques des tremblements de terre pour en tirer des prédictions. — Note de M. Daubrée.

Tout en m'associant aux observations qu'a émises récemment mon savant confrère et ami M. Faye, sur les prédictions des tremblements de terre, je crois devoir leur ajouter une remarque sur l'insuffisance des relevés statistiques des tremblements de terre pour en tirer des prédictions.

Les prédictions de M. Delauney reposent, on se le rappelle, sur les tremblements de terre nombreux que l'auteur a trouvés signalés entre les années 1751 et 1850 et qui, d'après de laborieux rapprochements, se répartiraient nettement, quant aux temps, en quatre groupes principaux.

Des recherches très prolongées ont été faites pour établir des relevés chronologiques des tremblements de terre qui, depuis longtemps, ont affecté des contrées diverses. En France, nous possédons sur ce sujet de précieux travaux, dus à la persévérance et au dévouement infatigable de M. Alexis Perrey. De son côté, en Angleterre, M. Robert Mallet a fait des recherches très instructives.

Ces études, ainsi que des monographies spéciales relatives à diverses contrées, telles que l'Italie, la Suisse, la Havane, le Japon, ont un grand intérêt et l'on doit en être reconnaissant à ceux qui les poursuivent. Elles fournissent des données utiles, en fixant avec précision les caractères des tremblements de terre.

On sait que des mouvements de faible intensité se font sentir chaque jour en bien des points du globe. Mais, lors même qu'on se borne à considérer les secousses violentes, de tels relevés sont nécessairement très incomplets, quelles que soient l'attention et la conscience de leurs auteurs.

Il ne faut pas oublier, en effet, que notre Europe, sur laquelle nous sommes passablement renseignés, ne forme par les 20/1000 de la surface du globe; que de vastes parties des autres continents peuvent être ébranlées, à notre insu; enfin que l'Océan, qui couvre les trois quarts du globe et qui est parsemé ou bordé des principaux groupes volcaniques, doit lui-même être le siège de tremblements de terre très nombreux et très fréquents, presque toujours inaperçus, à cause de l'épaisseur d'eau superposée, de plusieurs kilomètres.

Ainsi, bien loin de ce qui arrive en présence de données astronomiques, on est incapable de tirer, des relevés chronologiques des tremblements de terre, une base pour des recherches exactes de statistiques, ni par conséquent des lois générales de répartition chronologique de ces phénomènes pour l'ensemble de la surface du globe.

C'est à peu près comme si l'on prétendait établir un relevé des chutes de météorites qui arrivent chaque année sur notre planète, et dont certainement plus des 99/100 nous restent inconnus.

LES TREMBLEMENTS DE TERRE

LE VOLTAIRE DU 18 OCTOBRE 1883.

Note présentée à l'Académie des sciences dans la séance du 15 octobre 1883.

M. Faye a dit à l'Académie (séance du 10 septembre 1883) que les relevés, sur lesquels je me suis appuyé, étaient *une mine précieuse de documents;* il a ajouté que j'avais cherché, *ce qui est parfaitement rationnel,* à y découvrir des retours périodiques : M. Daubrée, dans sa note du 1er octobre, exprime un avis contraire.

Il dit que les catalogues de tremblements de terre, étant forcément incomplets, il n'y a rien à attendre de leur examen au point de vue de la statistique; il termine en disant : « C'est à peu près comme si l'on prétendait établir un relevé des chutes de météorites, dont certainement plus des 99 centièmes nous restent inconnus. »

Je ne puis répondre à cette appréciation qu'en citant des chiffres et des faits.

J'ai étudié, pour tout le globe terrestre, un nombre de tremblements s'élevant à 26438 et répartis de 1751 à 1873.

Ce chiffre exprime le nombre de jours où la terre a tremblé dans des endroits indépendants les uns des autres; il représente plus de 100 000 secousses différentes.

Ces nombreux relevés indiquent nettement la loi que j'ai énoncée; grâce à eux, j'ai pu prévoir avec exactitude les grands tremblements de mai 1877 et de juillet 1883; ils me permettent enfin d'annoncer de grands et longs tremblements devant commencer vers 1886.

Je terminerai par une remarque qui, faite plus tôt, aurait certainement eu pour effet d'empêcher les attaques de mes éminents contradicteurs.

La loi de périodicité que j'ai énoncée, et qui est vérifiée de 1751 jusqu'à aujourd'hui, attend de l'avenir sa confirmation ou sa négation. Néanmoins, elle peut, dès à présent, être soumise à une épreuve décisive : il suffit de voir si elle s'applique aux époques caractérisées par de grandes et générales tempêtes sismiques, *époques qui seraient antérieures à 1750*.

Je viens de me mettre à cette recherche, et jusqu'à présent je ne puis dire qu'une chose, c'est que je trouve constamment une éclatante confirmation de la loi.

J. DELAUNEY.

PRÉVISION DU TEMPS

JOURNAL LE FIGARO DU 4 NOVEMBRE 1885

Un de nos correspondants nous écrit, à la suite d'un entretien qu'il a eu avec le capitaine Delauney, connu par ses prévisions de tremblements de terre, qui se sont dernièrement si malheureusement réalisées.

D'après M. Delauney, nous serions à la veille de grandes perturbations météorologiques, dues au passage que la Terre va effectuer à travers l'essaim cosmique connu sous le nom des *Léonides*.

A partir du *quatorze novembre prochain*, de violentes bourrasques du sud-ouest sont à craindre.

Les navigateurs de tous pays devront tenir grand compte de cette prévision, car la perturbation annoncée se fera sentir sur une grande surface du globe.

M. Delauney estime, en outre, que des aurores polaires sont probables, que l'activité solaire et celle des volcans vont subir une recrudescence et que des tremblements de terre plus nombreux et plus intenses devront se produire à l'époque susindiquée.

Documents à l'appui de la prévision précédente.

New-York, 11 novembre,

Le bureau météorologique du *New-York Herald* communique l'avis suivant :

« Une perturbation atmosphérique traverse l'Atlantique au nord du 43ᵉ degré de latitude. Elle augmentera d'énergie et deviendra probablement dangereuse. Elle arrivera sur la Grande-Bretagne et sur les côtes de Norvège entre le 13 et le 15. Du sud-ouest au nord-ouest, vents. Temps très orageux sur l'Atlantique durant la semaine.

Un tremblement de terre a été ressenti à Baza, province de Grenade. Quelques maisons se sont effondrées, mais il n'y a eu heureusement aucune victime.

(Journal *le Temps* du 13 novembre 1883.)

Oran, 13 novembre.

Une secousse de tremblement de terre, qui a duré huit secondes, a été ressentie à Oran vers trois heures du matin.

(Journal *le Temps* du 14 novembre 1883.)

La Seine, ainsi que nous l'avons annoncé, monte assez rapidement. Elle atteint la cote de $1^{m},60$ au pont d'Austerlitz. Elle atteindra probablement la cote de $2^{m},20$ vendredi prochain.

(Journal *le Temps* du 15 novembre 1883.)

On signale trente noyés à la suite des naufrages qui ont eu lieu dans la baie de Chesapeake.

Huit personnes ont péri dans le détroit de Long-Island pendant le dernier ouragan.

(Journal *le Temps* du 16 novembre 1883.)

Le bureau météorologique du *New-York Herald* publie l'avis suivant :

Une tempête dangereuse traverse l'Atlantique, au nord du 42ᵉ degré de latitude. Elle arrivera sur la Grande-Bretagne, la Norvège et sur les côtes du nord de la France entre le 16 et le 18. Du sud-ouest au nord-ouest, bourrasques possibles. Neige au nord.

Temps très mauvais sur l'Atlantique, au nord du 38ᵉ degré de latitude.

La Seine atteint la cote de $1^{m},80$ au pont d'Austerlitz.

(Journal *le Temps* du 17 novembre 1883.)

Une dépression, venue de l'ouest, s'est avancée sur l'Angleterre; son centre est près de Shields (752 mm.); elle est accompagnée d'un mouvement secondaire qui se trouve sur le golfe de Gascogne. Le vent souffle du nord-ouest en Irlande et en Bretagne, du sud sur nos côtes de la Manche et de l'Océan.

(Bureau central météorologique de France.
Situation au 16 novembre 1883.)

On signale d'Agram un débordement de la Save. Le bourg de Martinska-Vesz, près de Sissek, est submergé, toute la Posawina est sous l'eau.

(Journal *le Temps* du 18 novembre 1883.)

Une secousse de tremblement de terre a été ressentie le 15 novembre à Patras (Grèce); on ne signale pas d'accident.

(Journal *le Temps* du 18 novembre 1883.)

New-York, 16 novembre.

De nouveaux ouragans sont signalés sur les lacs occidentaux.

On annonce la perte de plusieurs navires et de leurs équipages.

Un violent orage a causé de grands dégâts dans l'État du Maine.

Une bourrasque passe au nord de l'Écosse, elle est accompagnée d'un mouvement secondaire dont le centre est près de Shields. Le vent souffle toujours du nord-ouest en Irlande; il est assez fort du sud sur nos côtes ouest. La dépression signalée hier sur le golfe de Gascogne a gagné la Méditerranée et se trouve au sud de la Provence. Une baisse de 5 mm. a lieu à Alger.

(Bureau central météorologique de France.
Situation au 17 novembre 1883.)

18 novembre.

Le temps a été très mauvais dans la soirée d'hier. La pluie est tombée à torrents, accompagnée d'un vent de sud-ouest soufflant en tempête.

(Journal *le Temps* du 19 novembre 1883.)

Le bureau météorologique du *New-York Herald* publie l'avis suivant :

Un centre de perturbations atmosphériques traverse l'Atlantique au nord du 45e degré de latitude. Il arrivera sur la Grande-Bretagne et sur les côtes de la Norvège le 19. Du sud-ouest au nord-ouest, bourrasques.

La bourrasque signalée hier au large de l'Irlande a sévi sur les côtes ouest des Iles Britanniques; son centre passe près des Hébrides (741 mm.). Ce matin, le vent souffle encore en tempête à Mullaghmore et aux îles Scilly; il est assez fort en quelques points de nos côtes de la Manche et de la Bretagne. Le centre de la dépression méditerranéenne a marché lentement vers Malte.

(Bureau central météorologique de France.
Situation au 19 novembre 1883.)

Alger, 18 novembre.

La Sarthe, de retour du Sénégal, a été obligée de relâcher à Mers-el-Kébir par suite du mauvais temps.

9661. — Imprimerie A. Lahure rue de Fleurus, 9, à Paris.

www.ingramcontent.com/pod-product-compliance
Lightning Source LLC
LaVergne TN
LVHW011956160826
845678LV00002B/571

* 9 7 8 2 3 2 9 6 8 7 6 2 9 *